Sieglinde Holl

Im Bann der Tiefe

- Fensterbilder -
Wale, Delphine und andere Meerestiere
Tonkarton und Moosgummi

frechverlag

Von Sieglinde Holl sind im frechverlag zahlreiche andere Titel erschienen. Hier eine Auswahl:

TOPP 1609

TOPP 1774

TOPP 1639

TOPP 1331

TOPP 1611

TOPP 1515

TOPP 1640

Zeichnungen: Richard Knecht
Fotos: frechverlag GmbH + Co. Druck KG, 70499 Stuttgart;
Fotostudio Ullrich & Co., Renningen

Auflage: 5. 4. 3. 2. 1. | Letzte Zahlen
Jahr: 1999 98 97 96 95 | maßgebend

frechverlag GmbH + Co. Druck KG, 70499 Stuttgart

Best.-Nr. 1946 · ISBN 3-7724-1946-1 Druck: frechverlag GmbH + Co. Druck KG, 70499 Stuttgart

Wale und Delphine sehen zwar wie Fische aus, gehören aber zur Gruppe der Säugetiere und sind wie wir Menschen Warmblüter. Sie atmen wie wir und legen keine Eier, sondern bringen ihre Jungen lebend zur Welt. Man unterscheidet 78 Walarten, deren Größe und Farbe sehr unterschiedlich sein können. Beispielsweise gehört der ein Meter lange Delphin ebenso zu dieser Tiergruppe wie der 30 Meter lange Blauwal. Einige der dargestellten Tiere gehören zu den bedrohten Tierarten unseres Planeten.

Die Unterwasserwelt mit ihren unterschiedlichen Tieren und Pflanzen ist einfach faszinierend.
Um diese Welt an Ihr Fenster zu zaubern, benötigen Sie nur wenige Materialien: Tonkarton und Farbe für die Augen und Zähne der Tiere.
Sie können die Modelle auch aus Moosgummi schneiden – entscheiden Sie selbst, mit welchem Material Sie arbeiten und wie Sie die einzelnen Tiere miteinander kombinieren wollen.

Ich wünsche Ihnen viel Freude beim Basteln und hoffe, daß dadurch Ihr Interesse an der Tierwelt geweckt oder gesteigert wird.

Ihre

Sieglinde Holl

Material und Werkzeug

- Tonkarton in verschiedenen Farben
- Tonpapier
- Moosgummi
- Dicker Karton oder Glasscheibe als Schneideunterlage
- Cutter oder Abbrechklingenmesser
- Silhouettenschere
- Bleistift
- Radiergummi
- Bürotacker
- Lineal
- Klebstoff
- Pauspapier
- Doppelseitiges Klebeband
- Filzstifte
- COLORPOINT in verschiedenen Farben

Das Übertragen der Vorlagenzeichnungen

Übertragen Sie das Motiv mit Hilfe von Transparentpapier auf den Tonkarton oder das Tonpapier. Zeichnen Sie dazu die Linien vom Vorlagenbogen auf das Transparentpapier durch. Befestigen Sie nun das Papier auf dem Tonkarton. Dann werden die Linien mit einem Kugelschreiber nachgezogen, damit sie sich in den Karton drücken. Sie können aber auch eine Fotokopie vom Motiv machen und diese mit doppelseitigem Klebeband auf dem Tonkarton oder dem Moosgummi befestigen.
Verwenden Sie zum Ausschneiden eine Schere oder einen Cutter. Achten Sie darauf, daß das Papier nicht verrutscht; halten Sie es mit einer Hand fest, während Sie mit der anderen schneiden. Bei dieser Methode sparen Sie sich das Übertragen der Linien auf den Tonkarton.
Wenn Sie ein Motiv mehrmals verwenden wollen, empfiehlt es sich, davon eine Schablone zu machen. Dazu kopieren Sie das Motiv über Pauspapier auf Karton und schneiden die Konturen exakt nach. Anschließend übertragen Sie die Umrisse der Schablone auf den farbigen Tonkarton.

Die Technik

Mit einer Glasplatte als Unterlage können Sie die Motive mittels Cutter sehr sauber und randscharf ausschneiden. Wenn Sie einen festen Karton als Schneideunterlage verwenden, müssen Sie darauf achten, daß die Klinge nicht von einer alten Schneidespur abgelenkt wird.
Wenn die Schnitte nicht mehr glatt werden, ist die Klinge stumpf und muß gewechselt werden.
Halten Sie den Cutter wie einen Füllfederhalter, und schneiden Sie locker und zügig. Für Rundungen ist eine Silhouetten- oder eine Nagelschere besonders geeignet.
Arbeiten Sie die Bilder doppelt, damit sie von beiden Seiten gleich schön ausschauen.
Wenn Sie ein Motiv in einem Arbeitsgang zweifach fertigen wollen, verwenden Sie am besten Tonpapier. Es läßt sich leichter schneiden als der festere Tonkarton. Legen Sie beide Bögen übereinander und heften Sie sie zusammen, damit sie beim Schneiden nicht verrutschen.
Moosgummiteile müssen einzeln geschnitten werden.

Detaillierte Angaben zum Nacharbeiten einzelner Motive finden Sie ab Seite 29.

Schritt-für-Schritt-Anleitung

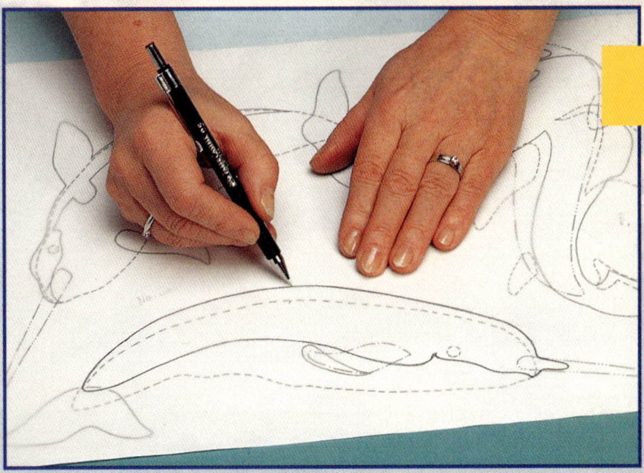

Bild 1

Nehmen Sie mit Hilfe von Transparentpapier die Konturen der einzelnen Körperteile des Wals vom Vorlagenbogen ab.

Bild 2

Kleben Sie das Transparentpapier mit dem abgepausten Körperteil auf den farblich passenden Tonkarton oder Moosgummi, und schneiden Sie die Teile aus.

Bild 3

Kleben Sie die ausgeschnittenen Einzelteile auf bzw. hinter den Körper des Wals.

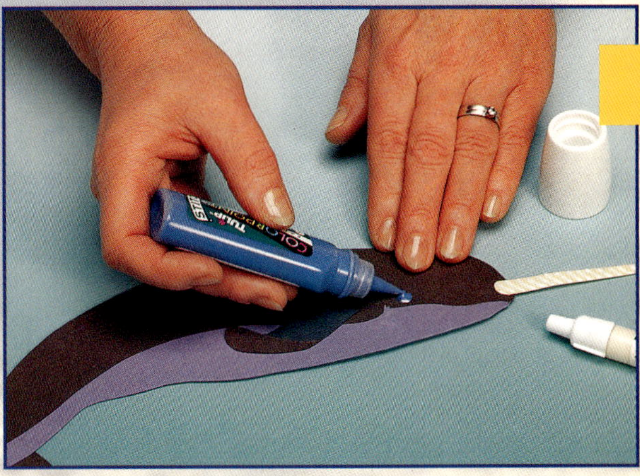

Bild 4

Malen Sie mit COLORPOINT das Auge auf.

Fröhliches Treiben

Tintenfisch und Kraken

Delphine

Haie

Narwale

Buntes Treiben

Killerwale

Kraken

Fischschwarm

Tauchen um das Wrack

Rochen

Schildkröten

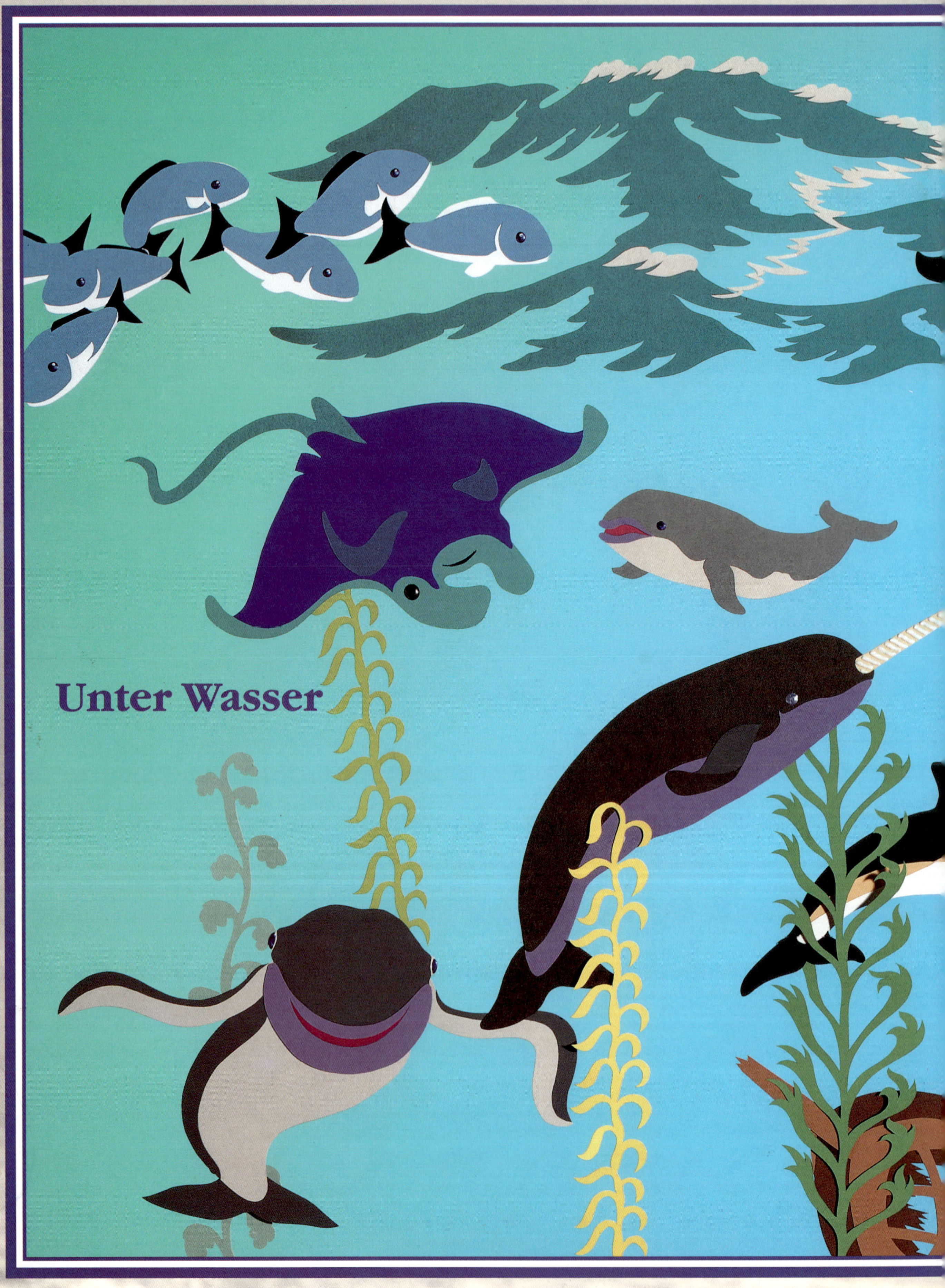
Unter Wasser

Tintenfisch

Pottwal

Die Schwimmspezialisten

Blauwal

Buckelwal

Schwertfische

Wasserfontänen

Erscheint ein Wal nach einem langen und tiefen Tauchgang erstmals wieder an der Wasseroberfläche, stößt er einen ersten, gewaltigen Atemzug aus, der eher einer Explosion als dem Laut eines Wals gleicht. Wenig später schießt eine riesige Wasserfontäne aus dem Wal heraus. Man nennt dieses Phänomen „Bläst".

Große Fontäne

Übertragen Sie das Modell vom Vorlagenbogen auf den entsprechenden Tonkarton, und schneiden Sie die einzelnen Teile aus. Kleben Sie die drei ausgeschnittenen Teile aufeinander. Zeichnen Sie mit COLORPOINT kleine und große Punkte in Weiß, Mittelblau und Royalblau auf die Wasserfontäne.

Kleine Fontäne

Übertragen Sie das Modell vom Vorlagenbogen auf den jeweiligen Tonkarton, und schneiden Sie die einzelnen Teile aus. Kleben Sie das weiße Teil auf das tropicgrüne. Malen Sie mit COLORPOINT kleine Punkte in Weiß und Mittelblau auf.

Eisschollen

Eisscholle 1

Übertragen Sie das Modell vom Vorlagenbogen auf den entsprechenden Tonkarton, und schneiden Sie die einzelnen Teile aus. Kleben Sie die kleinen weißen und azurblauen Teile auf den großen Tonkarton.

Eisscholle 2

Übertragen Sie die Zeichnung vom Vorlagenbogen auf den entsprechenden Tonkarton, und scheiden Sie die einzelnen Teile aus. Hinter das große weiße Teil kleben Sie das azurblaue Teil, darauf die hellgrauen und zuletzt die tropicgrünen Teile.

Eisscholle 3

Zunächst wird das Modell vom Vorlagenbogen auf den entsprechenden Tonkarton übertragen und die einzelnen Teile ausgeschnitten. Anschließend wird das weiße Teil der Eisscholle auf das azurblaue Teil geklebt. Bemalen Sie nun die Teile mit COLORPOINT, wobei Sie kleine Punkte mit zwei Farben auf dem Tonkarton einzeichnen. Nehmen Sie jedoch die Farbe mit Papier wieder ab, damit nur die Struktur der Punkte auf dem Tonkarton erhalten bleibt.

Eisscholle 4

Schneiden Sie beide Teile aus, und kleben Sie diese aufeinander.

Wellen

Schneiden Sie bei Welle 1 und bei Welle 2 zwei Teile aus, und kleben Sie sie aufeinander. Die Wellen werden mit COLORPOINT-Farbe verziert.

Wasserteile

Für die Wasserteile 1, 2, 3 und 4 schneiden Sie die jeweiligen Einzelteile aus, und kleben Sie sie aufeinander. Zum Teil werden die Wasserteile mit COLORPOINT-Farben verziert.

Wasserpflanzen

Nachdem Sie das Modell vom Vorlagenbogen auf den entsprechenden Tonkarton übertragen haben, schneiden Sie die jeweiligen Wasserpflanzen aus.

Wrack

Übertragen Sie das Modell vom Vorlagenbogen auf den entsprechenden Tonkarton, und schneiden Sie die Teile aus. Kleben Sie die hellgrauen Wrackteile von hinten auf das dunkelbraune Teil.

Fischschwarm

Bekleben Sie die weißen Fische mit den hellblauen Einzelteilen.
Malen Sie mit COLORPOINT die Augen auf und mit Filzstift die Flossen an.

Tintenfisch (Kalmare)

Er gehört zu den „Kopffüßern" unter den Weichtieren. Er hat an beiden Seiten des Kopfes Augen, die wie die der Wirbeltiere aufgebaut sind. Seine Arme mit den Saugnäpfen sitzen direkt am Kopf. Der Riesentintenfisch wird bis zu 20 Meter lang. Fühlt er sich bedroht, stößt er eine Tintenwolke aus und verschwindet darin.

Übertragen Sie das Modell vom Vorlagenbogen auf den entsprechenden Tonkarton, und schneiden Sie die Teile aus. Hinterkleben Sie den Schnabel mit rosafarbenem Tonkarton.
Die Augen werden ebenfalls aus rosa Tonkarton geschnitten, aufgeklebt und darauf zwei große Punkte mit COLORPOINT aufgemalt. Das rote Teil zwischen Kopf und Schnabel wird von hinten angeklebt. Zwei rote Arme und ein rotbrauner Arm werden zwischen die übrigen Fangarme geschoben und von hinten befestigt. Malen Sie zuletzt kleine Punkte als Saugnäpfe mit COLORPOINT auf.

Kraken

aus Moosgummi

Kraken sind Weichtiere. Ihre acht Arme befinden sich direkt unter dem Kopf. Auf beiden Kopfseiten ist je ein großes Auge. Der Krake bewohnt die felsigen Küsten aller Meere und kann als Tarnung die Farbe wechseln. Bei Gefahr stößt er eine schwärzliche Flüssigkeit aus.

Übertragen Sie das Modell vom Vorlagenbogen auf die entsprechende Moosgummiplatte, und schneiden Sie die einzelnen Teile aus. Kleben Sie die Kopfteile zuerst auf die Arme der Krake, das Augenweiß exakt auf den Kopf und die schwarze Augenumrandung darauf.
Malen Sie als Augen größere Punkte mit COLORPOINT auf das Augenweiß und kleinere Punkte als Saugnäpfe auf die Fangarme.

Rochen

Rochen sind Knorpelfische mit plattgedrückten Körpern und stark verbreiterten Brustflossen. Sie bringen ihre Jungen lebend auf die Welt. Ausnahmen sind Stech- und Nagelrochen.

Kleben Sie den tropicgrünen Kopf mit dem Flossenteil von hinten an die Körperform des Rochen. Befestigen Sie den Schwanz und die mittelblauen Kopfteile auf dem Körper. Malen Sie mit COLORPOINT das Auge auf und die Mundöffnung mit Filzstift ein.

Schwertfisch

Dieser große ozeanische Raubfisch trägt seinen Namen dank einer schwertförmigen Verlängerung des Oberkiefers. Schwertfische sind schnelle Schwimmer.

Übertragen Sie das Modell vom Vorlagenbogen auf den entsprechenden Tonkarton, und schneiden Sie die Einzelteile aus.
Kleben Sie auf das orange Bauchteil den hellblauen Oberkörper und dahinter die mausgraue Rücken- und Schwanzflosse. Die kleineren Vorderflossen werden jeweils eine von vorne und eine von hinten angeklebt. Die Maulöffnung hinterkleben Sie mit weinrotem Tonkarton und verlängern die Öffnung mit Filzstift. Das Auge malen Sie mit COLORPOINT-Farbe.

Killerwal (Orca)

Killerwale gehören zu der Gruppe der Schwertwale. Sie schwimmen und jagen in Gruppen und gehören zu den schnellsten Tieren der Erde, denn sie können bis auf 50 km/h beschleunigen. Nicht selten greifen sie andere, größere Wale an. Auch sie bringen ihre Jungen lebend zur Welt.

Übertragen Sie das Modell vom Vorlagenbogen auf den entsprechenden Tonkarton, und schneiden Sie die Einzelteile aus.
Kleben Sie den weißen Bauch mit der Maulöffnung auf den schwarzen Körper. Die dunkelgrauen Flossen werden von vorne und von hinten am Körper befestigt. Anschließend hinterkleben Sie die Maulöffnung mit rotem Tonkarton. Malen Sie zuletzt mit COLORPOINT die Zähne in Weiß und das Auge in Mittelblau auf.

Pottwal

aus Moosgummi

Der Pottwal ist nicht zuletzt durch den Roman „Moby Dick" bekannt geworden. Dieses Tier kann bis zu 18 Meter lang und 50 Tonnen schwer werden. Er ist Weltmeister im Tauchen, denn er ist in der Lage, länger und tiefer als andere Wale zu tauchen. Am Ende eines Tauchgangs wird das Wasser mit lautem Getöse ausgestoßen.

Übertragen Sie das Modell vom Vorlagenbogen auf die entsprechenden Moosgummiplatten, und schneiden Sie die Einzelteile aus. Kleben Sie auf den schwarzen Körper die blauen Vorder- und Schwanzflossen, die rote Maulöffnung und die blaue Unterlippe. Malen Sie zuletzt mit COLORPOINT in Mittelblau das Auge auf.

Wasserschildkröten

Schildkröten sind langsame, stark gepanzerte Reptilien, die bis zu 158 Jahre alt werden. Sie kommen an Land, um ihre Eier abzulegen. Eine Schildkröte legt ungefähr 1800 Eier; davon entwickeln sich etwa 400 Jungtiere vollständig und nur 250 gelangen ins Meer. Schließlich überleben etwa 30 Tiere die erste Woche.

Übertragen Sie das Modell vom Vorlagenbogen auf das entsprechende Moosgummi, und schneiden Sie die einzelnen Teile aus.
Bekleben Sie den hautfarbenen Panzer mit den rotbraunen Panzerstückchen. Dahinter kleben Sie den Kopf, den Schwanz und die Füße. Anschließend kleben Sie die dunklen Körpermusterteile auf den Kopf und malen mit COLORPOINT das Auge auf.
Bei der Schildkröte, die von unten zu sehen ist, werden die Füße und der Schwanz von vorne auf dem hautfarbenen Panzer befestigt. Der Kopf und die Panzerteile werden von hinten angeklebt. Auf den Kopf wird ein Körpermuster in Rotbraun geklebt und schließlich das Auge aufgemalt.

Narwal

Das Besondere der Narwale sind ihre Zähne. Alle Tiere haben zwei Zähne, die im Oberkiefer sitzen. Während sie bei den Weibchen unsichtbar im Zahnfleisch verborgen sind, bleibt beim Männchen nur einer, und zwar der rechte, unsichtbar. Der linke wächst weiter, durchstößt nach einem Jahr die Oberlippe und wächst zu einem Stoßzahn heran. Nur wenige Narwale sind doppelt bezahnt.

Kleben Sie auf den lavendelfarbenen Körper den dunkelbraunen Oberkörper und dahinter die Schwanzflosse.
Kleben Sie die vordere Flosse und den Stoßzahn auf den Körper. Malen Sie mit COLORPOINT das Auge auf, und bemalen Sie den Stoßzahn mit kleinen, schrägen Strichen.
Beim zweiten Narwal werden der Stoßzahn, die Schwanzflosse und die vordere Flosse von hinten befestigt und schließlich der Oberkörper von vorne angeklebt.

Hai

Es gibt etwa 250 verschiedene Haifischarten. Die obere Schwanzflossenhälfte dieses Tieres ist sehr viel größer als die untere. Haie sind in allen Weltmeeren weit verbreitet und sind ausgezeichnete und schnelle Schwimmer.
Die für den Menschen gefährlichen Haie halten sich meist in ca. 21 Grad warmem Meerwasser auf.

Übertragen Sie das Modell vom Vorlagenbogen auf den entsprechenden Tonkarton, und schneiden Sie die Einzelteile aus.
Kleben Sie auf den hellblauen Körper das tropicgrüne Körpermuster. Die dunkelblauen Flossenteile werden auf und hinter dem Körper befestigt. Die Zähne und die Maulöffnung werden von hinten angeklebt.
Das Auge malen Sie mit COLORPOINT und das Nasenloch mit Filzstift ein.

Delphin

Der Delphin ist in allen Ozeanen verbreitet. Er ist etwa 2,4 Meter lang und hat eine spitze Schnauze. Diese Tiere besitzen eine hohe Intelligenz.
Es ist schon vorgekommen, daß Delphine Menschen, die in Gefahr schwebten, gerettet haben.

Übertragen Sie das Modell vom Vorlagenbogen auf den entsprechenden Tonkarton, und schneiden Sie die Einzelteile aus.
Kleben Sie auf den aprikosefarbenen Körper das weiße und mittelgraue Körperteil. Die mittelgraue Schwanzflosse wird mit Schwarz unterlegt und unter dem Körper befestigt. Darauf kleben Sie das schwarze Körperteil und die spitze Schnauze mit Flossenteil.
Das Auge malen Sie mit COLORPOINT auf.

Bei zwei Delphinen und dem Jungtier sind die Teile gleich, bis auf die Schwanzflossen, die bei diesen Delphinen an dem schwarzen Körperteil hängen.

Buckelwal

Der Buckelwal jagt oft in kleinen Gruppen und besitzt die größten Vorderflossen – auch Flipper genannt –, die bis zu 5 Meter lang werden. Die von ihm ausgestoßenen Töne sind sehr melodisch und wurden bereits von Menschen mittels Aufnahmegerät festgehalten. Sie sind vor allem dort zu hören, wo sie sich zur Paarung treffen.

Übertragen Sie das Modell vom Vorlagenbogen auf den entsprechenden Tonkarton, und schneiden Sie die Einzelteile aus.
Kleben Sie zunächst den dunkelgrauen Oberkörper auf den hellgrauen Bauch, und befestigen Sie anschließend darauf und dahinter jeweils die Vorder- und Schwanzflossen.
Die Maulöffnung wird von hinten mit den chamoisfarbenen Bartteilen und dazwischen mit der Zunge aus rosa und rotem Tonkarton beklebt. Von vorne werden nun die lavendelfarbenen Lippen befestigt.
Malen Sie schließlich mit COLORPOINT in Mittelblau oder in Royalblau die Augen auf.

Blauwal

Der Blauwal ist das größte Tier, das jemals auf der Erde gelebt hat.
Das größte gefangene Tier war 33,5 Meter lang und wog 190 Tonnen.
Die Weibchen sind größer als die Männchen. Doch trotz seiner Größe ist der Blauwal schlank und stromlinienförmig.

Übertragen Sie das Modell vom Vorlagenbogen auf den entsprechenden Tonkarton, und schneiden Sie die Einzelteile aus.
Kleben Sie auf den schwarzen Körper den weißen Bauch mit der Maulöffnung. Die dunkelgrauen Flossen werden von vorne und von hinten am Körper befestigt. Die Maulöffnung hinterkleben Sie mit rotem Tonkarton.
Malen Sie zuletzt die Zähne mit COLORPOINT in Weiß und das Auge mit Mittelblau auf.